Instruction

für die

Verificatoren

von

Maß und Gewicht.

———

Das Verfahren bei der Eichung und Stempelung betreffend.

München 1870.
Verlag von R. Oldenbourg.
Wittelsbacherplatz Nr. 4.

Druck von C. R. Schurich in München.

A. Ueber die der Verification unterliegenden Gegenstände im Allgemeinen.

§ 1.

Die Verification erstreckt sich auf die im gesammten öffentlichen Verkehr benützten Maße und Gewichte metrischen Systemes und auf die Waagen.

Der Verificator hat darüber zu wachen, daß ihm die der Verification unterliegenden Maße, Gewichte und Waagen von den Gewerbtreibenden vollzählig, nach Bestimmung der allerhöchsten Verordnung vom 19. December 1869, zur Eichung und Stempelung geliefert werden.

Der Verificator soll mit allen erforderlichen Hülfsmitteln zur Eichung und Stempelung dieser Gegenstände versehen sein. Dieselben sind ihm theils als Inventar zur Benützung und Aufbewahrung übergeben, theils hat er deren Beschaffung selbst zu bewerkstelligen.

Es dürfen ausschließlich Maße und Gewichte von solcher Größe, wie sie in den §§ 1, 6, 10, 14 und 16 der allerhöchsten Verordnung vom 14. September 1869 bezeichnet sind, ferner nur Waagen derjenigen Gattungen, welche im § 20 der ebengenannten königlichen Verordnung angegeben sind, verificirt werden.

Ebenso sollen die Gegenstände jeder Art, welche vom Verificator zur Eichung angenommen und gestempelt werden, auch bezüglich ihrer Form und Beschaffenheit genau den Bestimmungen der allerhöchsten Verordnung vom 14. September 1869 genügen.

Nähere Erörterungen über die hierüber anzustellenden Untersuchungen folgen nachstehend.

1*

B. Ueber die Verification der Längenmaße.

§ 2.

Die Längenmaße sind theils Stäbe von 2 bis 0,1 Meter Länge, theils Ketten von 20 bis 5 Meter Länge. (S. § 1 der k. Verordnung vom 14. September 1869.)

Bei der Prüfung der Längenmaße von Stabform hat der Verificator zunächst darauf zu achten, daß dieselben gerade Gestalt haben (nicht gebogen oder verwunden sind), und an den Enden eben und scharfkantig begrenzt sind. Merklich krumme Stäbe und solche mit gerundeten Endflächen sind von der Verification auszuschließen.

Auch ist bei derartigen Maßen aus Holz besonders zu untersuchen, ob das an den Enden angebrachte Beschläg dauerhaft befestigt ist.

Die Theilstriche müssen rechtwinklich zur Längenkante, ferner rein, scharf und erkennbar eingeschnitten sein. Bloß gezeichnete oder durch Punkte hergestellte Theilungen sind unstatthaft.

Zur Vornahme der Richtigkeitsprobe eines Längenmaßes von Stabform ist dasselbe derart auf das Normalmaß (s. § 24 der k. Verordnung vom 23. Nov. 1869) aufzulegen, daß die beiderseitigen Theilungen gleichzeitig betrachtet werden können, wobei zugleich das zu untersuchende Maß gegen die am Normalmaß angebrachte überstehende Endplatte zu drücken ist. Die Beurtheilung der vorkommenden Abweichungen, nach Maßgabe der Bestimmungen des § 4 der k. Verordnung vom 14. September 1869, geschieht bei einiger Uebung mit genügender Genauigkeit nach dem Augenmaße, wozu nöthigenfalls eine Loupe (von etwa 12facher Vergrößerung) Benützung finden kann.

Die Eichung von Präcisionsmaßen bleibt der NormalEichungscommission vorbehalten.

Bei Stäben von 2 Metern Länge erfolgt die Richtigkeitsprobe durch Vergleichung beider Hälften mit dem Normalmaße.

§ 3.

Das Stempeln der stabförmigen Längenmaße hat das erste Mal an beiden Enden der mit der Theilung versehenen Seite zu geschehen. (S. § 5 der k. Verordnung vom 14. September 1869.) Die weiteren Stempelungen sollen an einer der ungetheilten Seitenflächen nach der Reihenfolge angebracht werden.

Beim Aufschlagen des Stempels ist einerseits zwar auf deutliche Ausprägung Bedacht zu nehmen, andererseits aber auch auf die möglichste Schonung der Maße. In letzter Beziehung ist das Auflegen des Stabes auf eine genügend feste, ebene und glatte Unterlage Erforderniß.

§ 4.

Bei den als Meßketten ausgeführten Längenmaßen müssen die einzelnen Theile (Glieder) von gerader Form und deren Oehre so beschaffen sein, daß sie sich auch bei starker Anspannung nicht aufbiegen oder dehnen. Die durch bloßes Biegen des Drahtes gebildeten Oehre sollen demgemäß gelöthet sein. Ebenso müssen die zwischen den Gliedern angebrachten Ringe auf irgend eine Weise dauerhaft geschlossen sein, und dürfen keine merkliche Biegung zulassen.

Für diese Maße genügt bei den Theilungen in Meter die Bezeichnung mit Ziffern und dem Buchstaben **M** (Meter), mit welcher die an den Theilpunkten anzubringenden Plättchen aus Messing oder Kupfer auf beiden Flächen versehen sein sollen. An solchen Meßketten, deren Theilpunkte nur durch Ringe markirt sind, lassen sich Bezeichnungen der Abschnitte mit Ziffern gar nicht anbringen.

Für die Richtigkeitsprobe von Meßketten ist eine Meßlatte von 5 Meter Länge zu verwenden, welche der Verificator sorgfältigst mit Anwendung des Normal=Meter=maßes selbst herzustellen und zeitweilig zu revidiren hat. Die Prüfungsoperation geschieht dann in der Weise, daß die ganze Kette auf möglichst ebenem Boden ausgespannt, und mit der Latte gemessen wird. 10 und 20 Meter

lange Ketten sind hierbei von 5 zu 5 Meter mit Unter=
lagen zum Aufreißen von Marken zu versehen.

Bei dieser Probe hat der Verificator sein Augenmerk
auch darauf zu richten, ob die Kette die beim Gebrauche
nöthige Anspannung aushält, ohne sich zu dehnen, sowie
ferner darauf, ob die Elasticität der Kette bei angemessener
Spannung derselben nicht Unrichtigkeiten zur Folge hat,
welche die im § 4 der allerhöchsten Verordnung vom 14.
September 1869 angegebenen Grenzen überschreiten. In
diesen Fällen ist ebenso, wie überhaupt bei unzulässigen
Abweichungen von der Richtigkeit die Ertheilung des
Stempels zu verweigern.

§ 5.

Die Meßketten erhalten den Stempel an den beiden
Endringen, welche zum Einstecken der Stangen bestimmt
sind. Zur Anbringung desselben muß jeder dieser Ringe
mit einer kupfernen Niete oder auch mit einer runden
Austiefung (Versenkung), die mit Zinnloth ausgefüllt ist,
versehen sein.

C. Ueber die Verification der Flüssigkeitsmaße.

§ 6.

Bei Prüfung der Flüssigkeitsmaße hat der Verificator
zunächst darauf zu achten, daß dieselben die im § 7 der
allerhöchsten Verordnung vom 14. September 1869 vorgeschriebene Form haben, nämlich alle Maße von 1 Liter
aufwärts, sowie die durch die Halbirungstheilung abge=
stuften: die cylindrische Form, und die nach der Decimal-
theilung abgestuften Maße: die Kegelform.

Alle diese Maße müssen zudem regelmäßig gestaltet
sein, und dürfen keine merklichen Verbiegungen zeigen.

Wesentliches Erforderniß zur Zulassung ist ferner,
daß dieselben innerlich und äußerlich rein sind, was ganz
besonders von den Oelmaßen gilt.

Bei Flüssigkeitsmaßen von Weißblech und solchen von

Messing, oder Kupferblech, welche letzteren wenigstens in=
wendig verzinnt sein müssen, ist darauf Bedacht zu nehmen,
daß die Verzinnung nicht abgenützt sein darf.

Verbogene, unsaubere, mangelhaft verzinnte und mit
Rost oder Grünspan behaftete Flüssigkeitsmaße sind von
der Verification auszuschließen.

Selbstverständlich sind auch diejenigen Maße, zurück=
zuweisen, welche die Flüssigkeit nur im mindesten durch=
sickern lassen.

Zur Prüfung der Flüssigkeitsmaße bezüglich ihrer
Abmessungen gemäß der im § 7 der oben bezeichneten aller=
höchsten Verordnung gegebenen Bestimmungen, hat sich der
Verificator eines Visirstäbchens zu bedienen, welches
zwei Theilungen enthält, wovon die eine die zulässigen
Durchmesser der cylindrischen Maße von 2, 1, $\frac{1}{2}$ bis $\frac{1}{32}$
Liter, die andere die zulässigen oberen Durchmesser der
kegelförmigen Maße von 0,2 bis 0,02 Liter darstellt.
Dieses Visirstäbchen ist von der Normal=Eichungscommission
zu beziehen.

§ 7.

Die Richtigkeitsprobe der Flüssigkeitsmaße hat der
Verificator mit Anwendung der Normalmaße (s. S. 24,
Nr. 2 der kgl. Verordnung vom 23. November 1869)
vermittelst Wasser auszuführen.

Hierzu ist das betreffende Normalmaß sorgfältigst zu
füllen, so daß der Wasserspiegel in genau gleicher Höhe
mit dem äußersten Rande des Halses steht; wobei zur
Abgleichung ein Streichlineal zu verwenden ist, als welches
der Stiel des zuvor bezeichneten Visirstäbchens dienen kann.

Die in das zu eichende Maß mit Vorsicht vollständig
übergegossene Wassermenge sollte nun von diesem vollkommen
aufgenommen werden, und dasselbe zugleich genau bis zum
Rande füllen.

Der § 8 der allerhöchsten Verordnung vom 14. Sep=
tember 1869 bestimmt die hierbei noch zulässigen Abweich=
ungen, zu deren Ermittelung sich der Verificator der

Probirröhre zu bedienen hat, mit welcher wie folgt zu verfahren ist:

Das im Normalmaße etwa zurückbleibende Wasser, welches das zu eichende Maß nicht mehr aufnehmen kann, wird in die gläserne Röhre gegossen. Füllt dieses Wasser die Röhre bis zu dem Theilstriche der mit F M überschriebenen Theilung, welcher mit der gleichen Bezeichnung wie das in Behandlung stehende Maß versehen ist, oder darüber hinaus, so übersteigt die Unrichtigkeit die zulässige Grenze. Wird dagegen das zu eichende Maß durch den Inhalt des Normalmaßes nicht vollständig gefüllt, so ist die Probirröhre bis zum entsprechenden Striche zu füllen, und dieses Wasser dem anderen zuzufügen. Ist dasselbe zur vollkommenen Füllung des Maßes ganz erforderlich oder noch nicht hinreichend, so übersteigt die Unrichtigkeit ebenfalls die zulässige Grenze.

Die Probirröhre findet bis zum 10 Litermaß Verwendung. Dieselbe ist von der Normal-Eichungscommission zu beziehen.

Für das 20 Litermaß hat das Maß von 0,05 Liter als Probirmaß zu dienen.

§ 8.

Das Eichen der Flüssigkeitsmaße mit Anwendung von Wasser soll der Verificator bei jeder Verification vornehmen. Die Operation mit der Probirröhre zur Ermittelung der Abweichung von der strengen Genauigkeit hat nothwendig bei der erstmaligen Verification jedes Maßes, später nur mehr in zweifelhaften Fällen zu geschehen.

In keinem Falle darf bei Flüssigkeitsmaßen die Eichung auf das Messen mit dem Längenmaße beschränkt bleiben, oder statt des Wassers ein trockener Stoff verwendet werden.

§ 9.

Die Flüssigkeitsmaße erhalten den Verificationsstempel auf einer der beiden im § 7 der königlichen Verordnung vom 14. September 1869 sub Nr. 5 vorgeschriebenen Zinn=

warzen, welche stets dicht am oberen Rande der Maße angebracht sein müssen.

Sobald eine dieser Warzen in Folge der mehrmaligen Stempelung abgenützt ist, wird der Stempel auf die andere Warze geschlagen, und dem Eigenthümer des Maßes ist die Wiederherstellung der ersteren Warze bis zur nächsten Verification zur Aufgabe zu machen.

Beim Aufschlagen des Stempels hat der Verificator mit besonderer Sorgfalt darauf zu achten, daß die Maße keine Beschädigung erleiden. Hierzu ist eine der Höhlung des Maßes möglichst anpassende Unterlage wesentliche Bedingung. Als solche soll ein Stempelstock benützt werden, welcher vier verschieden gerundete Zapfen enthält, deren Form sich den Höhlungen der verschiedenen Maße genügend anschließt. Dieser Stempelstock ist von der Normal-Eichungscommission zu beziehen.

In dem Falle, daß sich durch das Aufschlagen des Stempels die Zinnwarze über den Rand des Flüssigkeitsmaßes ausbreitet, hat der Verificator das überstehende Metall vermittelst einer Feile zu beseitigen.

D. Ueber die Verification der Hohlmaße für trockene Gegenstände.

§ 10.

Die Hohlmaße für trockene Gegenstände müssen die im § 11 der allerhöchsten Verordnung vom 14. September 1869 vorgeschriebene Cylindergestalt besitzen, wobei der Durchmesser der $1\frac{1}{2}$fachen Höhe gleich sein soll.

Der Verificator hat zu prüfen, ob die Form dieser Maße, gleichviel ob dieselben aus Holz oder Metall hergestellt sind, eine gehörig regelmäßige sei, und ob die Verbindungen aller Theile die erforderliche Festigkeit besitzen.

Deformirte, beschädigte, unsaubere und sonst fehlerhaft beschaffene Trockenmaße sind zur Verification nicht anzunehmen.

Die äußere Fläche eines vorhandenen Steges (s. Nr. 3 und 5 des oben angeführten § 11 der königlichen Ver-

ordnung) muß stets in der Ebene des obersten Umfangs=
randes liegen.

Die Uebereinstimmung der Abmessungen mit den be=
treffenden Bestimmungen des § 11 der allerhöchsten Ver=
ordnung vom 14. September 1869 ist vermittelst eines
Visirstabes in gleicher Weise wie bei den Flüssigkeits=
maßen zu prüfen, welchen der Verificator von der Normal=
Eichungscommission bezieht.

§ 11.

Zur Ausführung der Richtigkeitsprobe hat der Veri=
ficator bei den Trockenmaßen Kleesamen zu verwenden.
Das betreffende Normalmaß ist damit reichlich zu füllen,
und dann mit einer Streichschiene, als welche die in den
§§ 8 und 12 erwähnten Visirstäbe zugleich auch benützt
werden können, derart abzustreichen, daß die Oberfläche
des gefüllten Maßes eben erscheint.

Das weitere Verfahren ist im Wesentlichen mit dem
für Flüssigkeitsmaße in Anwendung zu bringenden über=
einstimmend, und zur Untersuchung, ob bei einem zu
eichenden Maße die Abweichung von der strengen Genauig=
keit die im § 12 der allerh. Verordg. vom 14. September
1869 festgesetzten Grenzen nicht überschreitet, findet bei
den metallenen Trockenmaßen von 10 Liter abwärts und
bei den hölzernen Maßen dieser Gattung von 5 Liter ab=
wärts dieselbe Probirröhre, welche für die Flüssigkeits=
maße zu dienen hat, Benützung.

Diese Probirröhre enthält nämlich zwei Theilungen,
eine, die mit FM überschrieben ist, für die Flüssigkeitsmaße
und metallenen Trockenmaße zugleich verwendbar, die andere
mit HT bezeichnet, für die hölzernen Trockenmaße.

Zum Eichen größerer Maße, für welche die Probir=
röhre nicht ausreicht, sind vorhandene Maße als Probir=
maße anzuwenden, und zwar:

a) für metallene Maße .

von   1   Hectoliter das Maß von 0,2   Liter,
„   0,5   „   „   „   „ 0,1   „
„   20   Liter   „   „   „ 0,05   „

b) für Maße von Holz

von 1 Hectoliter das Maß von 0,2 Liter zweimal,
„ 0,5 „ „ „ „ 0,2 „ einmal,
„ 20 Liter „ „ „ „ 0,1 „
„ 10 „ „ „ „ „ 0,05 „

Beim Eichen der Trockenmaße mit Anwendung von Samenkörnern hat der Verificator den Umstand zu beachten, daß diese Körner durch mehr oder weniger Rütteln des Maßes eine verschieden dichte Schichtung annehmen. Es ist demnach beim Füllen des Normalmaßes und beim Ueberfüllen des Inhaltes in das zu eichende Maß möglichst gleichmäßig zu verfahren und alles Rütteln mit Sorgfalt zu vermeiden.

§ 12.

Das Stempeln der Trockenmaße aus Metall hat in gleicher Weise wie bei den Flüssigkeitsmaßen auf einer der beiden am oberen Rande angebrachten Zinnwarzen zu geschehen.

Bei den größeren Maßen von 10 Liter aufwärts kann hiebei der Stempelstock (s. § 9 der Instruction) nicht mehr als Untersatz dienen; dagegen läßt sich derselbe für diesen Zweck zum Vorhalten beim Aufschlagen des Stempels verwenden, indem man einen seiner Füße, die hierzu unterhalb angemessen gerundet sind, gegen die innere Wandung des Maßes andrückt.

Die Trockenmaße aus Holz erhalten den Stempel unmittelbar unter dem oberen Reife.

Die Jahresstempel sollen in regelmäßiger Reihenfolge angebracht werden.

E. Ueber die Verification der Gewichte.

§ 13.

Der Verificator hat zunächst zu prüfen, ob die Gewichte bezüglich ihrer Gestalt, Beschaffenheit und Bezeichnung den Anforderungen der §§ 15 und 16 der allerh. Verordnung vom 14 Septbr. 1869 entsprechen.

Die zur Verification zuzulassenden Gewichte müssen vor Allem rein und dürfen mit keinerlei fremden Stoffen behaftet sein.

Ihre Oberfläche soll glatt, und die der Abnützung ausgesetzten Kanten müssen abgerundet sein.

Das zur Justification dienende Blei muß in den Gewichten solid befestigt sein und darf nicht über deren Oberfläche hervorragen.

Gußeiserne Gewichte müssen vom Formsand vollkommen befreit sein, und dürfen keinen Rost wahrnehmen lassen. Dieselben sollen auf der Oberfläche weder Gußblasen noch poröse Stellen zeigen, und die sogenannten Gußnähte müssen vollständig entfernt sein.

Die in die größeren Gewichte eingegossenen Hand= griffe, welche stets aus Schmiedeisen bestehen sollen, müssen fest und gehörig vom Gußeisen umschlossen sein.

Messingene Gewichte müssen auf der ganzen Oberfläche rein bearbeitet (abgedreht) sein. Löthungen mit Zinn dürfen an messingenen Gewichten nirgends wahrzunehmen sein. Desgleichen sind hohlgegossene Gewichte dieser Gatt= ung, welche in Folge zu geringer Wandstärke Formänder= ungen erlitten haben, durchaus unstatthaft.

Die Bestimmungen der obengenannten kgl. Verordnung bezüglich der Gestalt und Einrichtung der Gewichte, von verschiedener Größe und aus verschiedenen Metallen herge= stellt, sind genau zu beachten.

Diejenigen Gewichte, für welche die Cylinderform vor= geschrieben ist, dürfen inzwischen eine schwache Verjüngung nach oben besitzen; jedoch soll diese so gering sein, daß die Abweichung von der cylindrischen Gestalt ohne Messung nicht erkennbar ist. (S. Bekanntmachung der k. Normal= Eichungscommission vom 17. December 1869.)

Die aus Messing=, Platin=, Silber= oder Aluminium= blech angefertigten kleinsten Gewichte (s. § 17 der k. Verordn. vom 14. Sept. 1869) dürfen die Gestalt quadratischer Plättchen mit Abbiegungen zum Anfassen haben. Aus den genannten oder anderen gleich festen Metallen, z. B. aus Schmiedeisen

ober aus Metalllegirungen, wie Neusilber ꝛc., hergestellte
Gewichte von 1 Gramm aufwärts müssen aber die für
Messinggewichte vorgeschriebene Form und Einrichtung haben.

Andere Bezeichnungen der Gewichte als die vorgeschriebe=
nen sind nicht zuzulassen. Es müssen demnach die Gewichte bis
zu 1 Kilogramm abwärts nach Kilogrammen, und alle kleine=
ren Gewichte nach Grammen bezeichnet sein, wozu die Buch=
staben K und G genügen. Eine Ausnahme bilden nur
die Gewichtsstücke von 50 und ½ Pfund, welche ausschließ=
lich die Pfundbezeichnung (Pf. oder ℔) haben sollen.

Gewichte für Decimal= und Centesimalwaagen dürfen
jedoch neben der Bezeichnung ihres wahren Inhaltes auch
diejenige ihres Nennwerthes, welcher das Zehnfache, be=
ziehungsweise das Hundertfache des wahren Inhaltes be=
trägt, enthalten. Diese Nebenbenbezeichnung soll aber in
kleinerer Schrift als die Hauptbezeichnung und in Klammern
angebracht sein. Im Uebrigen müssen die eben erwähnten
Gewichte die ihrem Inhalte entsprechende Form und Ein=
richtung haben.

Alle Gewichte, welche die im Vorstehenden erörterten
nothwendigen Eigenschaften nicht besitzen, sowie diejenigen,
welche unstatthafte Eigenschaften zeigen, hat der Verificator
zurückzuweisen.

§ 14.

Zur Prüfung der Gewichte in Betreff ihrer Richtig=
keit soll der Verificator einzig und allein die im § 24
der allerhöchsten Verordnung vom 23. November 1869
unter 3 a und b aufgeführten Normalgewichte und die im
§ 23 Ziffer 5 derselben königlichen Verordnung bezeich=
neten drei gleicharmigen Waagen benützen.

Die größte Waage ist für die Gewichte von 50 bis
10 Kilogramm incl., die mittlere für alle gewöhnlichen
Handelsgewichte von 5 Kilogramm bis 1 Gramm incl.
zu verwenden.

Die kleinere Präcisionswaage soll im Eichlokale des
Verificators aufgestellt bleiben. Dieselbe ist nur zur Ver=

gleichung der zum täglichen Gebrauche dienenden Normal=
gewichte mit den im obenbezeichneten § 23 der königlichen
Verordnung unter Nr. 4 specificirten Gewichten, und zwar
von 1 Kilogramm abwärts, ferner auch zum Eichen kleiner
Gewichte für Gewerbtreibende, welche solche unter 1 Gramm
bedürfen, und diese in das Eichlokal am Wohnsitze des
Verificators abliefern, zu benützen.

Die vom Verificator geeichten Gewichte müssen die
für gewöhnliche Handelsgewichte im § 18 der allerhöchsten
Verordnung vom 14. September 1869 vorgeschriebene
Genauigkeit besitzen. Die für die einzelnen Gewichtsstücke
gestatteten Abweichungen von der strengen Richtigkeit sind
demnach der Rubrik b, des bezeichneten Paragraphen zu
entnehmen. Hiernach darf z. B. ein Gewicht von 10
Kilogramm höchstens um 2,5 Gramm, — ein Gewicht
von 1 Kilogramm höchstens um 0,4 Gramm leichter oder
schwerer als das Normalgewicht sein, um als genügend
richtig zu gelten, und zu dessen Ausweis den Stempel zu
erhalten.

Das Eichen eigentlicher Präcisionsgewichte von dem
in der Rubrik a, des § 18 bezeichneten, oder einem noch
höheren Genauigkeitsgrade bleibt der Normal=Eichungs=
commission vorbehalten, an welche der Verificator Die=
jenigen zu weisen hat, welche solche, der regelmäßigen
Verification nicht unterliegende Gewichte bedürfen.

Wesentliches Erforderniß zum richtigen Eichen und
zur gehörigen Bestimmung des Genauigkeitsgrades der
Gewichte ist die Richtigkeit und genügende Empfindlichkeit
der zum Abwägen dienenden Waage. Der Verificator ist
demnach verbunden, seine Waagen öfter sorgfältigst zu
prüfen und zu untersuchen, ob dieselben noch richtig sind,
und die Empfindlichkeit der Waagen zweiter Classe, gemäß
der Bestimmungen des § 21 der allerhöchsten Verordnung
vom 14. September 1869, ad Nr. 6 und 8, besitzen.
Diese Untersuchung ist nach Anleitung des § 21 der In=
struction vorzunehmen.

Beim Abwägen der Gewichte sind ferner, wie bei allen

genaueren Wägungen überhaupt, folgende Regeln zu beobachten:

1) Die Waage darf durchaus nicht vom directen Sonnen-
lichte beschienen sein, und muß sich im Winter möglichst
entfernt vom Ofen befinden.

2) Die Waage darf der Zugluft nicht ausgesetzt sein.

3) Die Waage muß richtig und gehörig fest aufgestellt sein.

§ 15.

Der Verificator hat die Obliegenheit, kleine Gewichts-
unterschiede bei denjenigen Gewichten, welche durch Bleipfropfen verschlossene Oeffnungen besitzen, abzugleichen, in-
soweit dieß ohne Beseitigung dieses Verschlusses geschehen kann.

Die Justification eines zu schweren Gewichtsstückes ist
durch Beschneiden oder Abschaben des Bleies an der Oberfläche des Pfropfes, vermittelst eines geeignet geformten
Meißels zu bewerkstelligen.

Bei einem um geringen Betrag zu leichten Gewichte
ist dagegen in den Bleipfropf eine Versenkung mit einem
Spitzmeißel einzuschlagen, in welche Bleispäne oder Schrot-
körner einzulegen sind, die dann durch Anwendung eines
glatten Stempels ihre Befestigung erhalten.

Einem zu schweren Gewichte darf keinenfalls so viel
Blei vom Pfropfe genommen werden, daß dieser die erforderliche Festigkeit einbüßt, oder seine Oberfläche so tief zu
liegen kommt, daß der Stempel nicht mehr deutlich zu er-
kennen wäre; und einem zu leichten Gewichte darf keinenfalls so viel Blei am Pfropfe zugefügt werden, daß dessen
Oberfläche über derjenigen des Gewichtes hervorragt.

Der Verificator hat darauf zu achten, daß das Blei
an der Oberfläche des Pfropfes keine lockeren, dem Ablösen
leicht ausgesetzten Theile zeigt. Vor dem Aufschlagen des
Wappenstempels ist die Oberfläche des Pfropfes mit einem
glatten Stempel gehörig zu ebnen.

Solche Gewichte, welche zur gehörigen Justification die
Beseitigung des Pfropfes erfordern, ist der Verificator zurück-

zuweisen berechtigt; jedoch ist es ihm gestattet, mit Zustim=
mung der Besitzer auch Gewichte vollständig zu justificiren
und mit Bleipfropfen zu versehen.

Die kleinen Gewichte von Messing oder anderen Me=
tallen, welche zur Justification mit Blei nicht eingerichtet
sind, hat der Verificator, wenn sie zu schwer wiegen, durch
Abfeilen an der unteren Fläche zu berichtigen. Diejenigen
dieser Gewichte aber, welche sich in unstatthaftem Betrage
zu leicht ergeben, sind zu verwerfen.

Bei der Justification der Gewichte hat der Verificator
mit aller möglichen Sorgfalt zu verfahren. Um denjenigen
Grad der Genauigkeit zu erzielen, welchen der § 18 der
allerh. Verordnung vom 14. Septbr. 1869 vorschreibt, ge=
nügt es nicht, ein Gewicht von solcher Schwere herzustellen,
daß es dem betreffenden Normalgewichte auf der Waage,
bei Zufügung eines Gewichtes im Betrage der gestatteten
Abweichung auf eine oder die andere der beiden Waagschalen,
das Gleichgewicht hält, sondern es ist nothwendig stets auch
auf die aus der beschränkten Empfindlichkeit der Waage hervor=
gehenden Fehler der Wägung Bedacht zu nehmen.

Würde z. B. die Waage von 5 Kilogramm Tragkraft
eben nur die mindest erforderliche Empfindlichkeit besitzen,
d. i. bei beiderseitiger Belastung mit 5 Kilogramm noch
einen bemerklichen Ausschlag vermittelst einseitiger Zufügung
von 2,5 Gramm zeigen, so wäre es leicht möglich, daß ein
Gewicht von 5 Kilogramm bei einer scheinbaren Abweichung
von 1,25 Gramm (nach Vorschrift des § 18) in Wirklich=
keit eine solche von 3 Grammen und darüber ergäbe.

Demgemäß soll sich der Verificator angelegen sein lassen,
überhaupt den mit den gegebenen Hülfsmitteln praktisch er=
reichbaren Genauigkeitsgrad der Gewichte thunlichst herzu=
stellen, wozu die Aneignung der nöthigen Gewandtheit in
den Operationen unerläßliche Bedingung ist.

§ 16.

Den Verificationsstempel erhalten die Gewichte, welche
mit einer Oeffnung zur Justification versehen sind, stets

auf der Oberfläche des den Verschluß der Oeffnung bil=
denden Bleipfropfes.

Die Gewichtsstücke von 5 Gramm bis einschließlich
1 Gramm sind auf der oberen Fläche neben dem Knopfe
zu stempeln, wobei zur Vermeidung von Beschädigungen
Vorsicht anzuwenden ist.

Die noch kleineren Gewichte werden gar nicht ge=
stempelt.

F. Ueber die Verification der Waagen.

§ 17.

Die im § 20 der allerh. Verordnung vom 14. Septbr.
1869 bezeichneten Waagengattungen, welche ausschließlich zur
Verification zugelassen werden dürfen, begreifen folgende
besondere Arten in sich:

1. Gleicharmige Waagen.

a) Solche, welche bei der Anwendung aufgehängt oder
auch mit der Hand gehalten werden. Die mittleren Schnei=
den des Waagbalkens ruhen bei denselben in Pfannen, die
sich an der sogenannten Scheere angebracht finden.

b) Solche Waagen, deren Mittelschneiden in Pfannen
ruhen, welche auf einer festen Unterstützung (Säule) an=
gebracht sind (Stativwaagen).

Die Waagen der ersteren Art haben stets eine aufwärts
gerichtete, zwischen der Scheere spielende Zunge, wogegen
bei den Stativwaagen die Zunge meistens nach unten ge=
richtet ist.

Die Balken der gleicharmigen Waagen sind ebensowohl
durchbrochen, als in massiver Form gestattet.

2. Schnellwaagen.

Diese sind sämmtlich von der Art, daß der Balken in
der Scheere ruht.

Sie besitzen entweder nur eine Theilung oder deren
zwei. Im letzteren Falle ist der Balken zum Umkehren
eingerichtet, und mit zwei Scheeren versehen.

2

Die Querschnittsform des Balkens soll vorschrifts=
gemäß (s. § 22 der königl. Verordnung vom 14. Septbr.
1869) rechteckig, mit verticaler Richtung der größeren Di-
mension, sein. Bereits vorhandene Schnellwaagen, deren
Balken oberhalb zugeschärft sind, sowie solche mit übereck
gestelltem quadratischem Balkenquerschnitte werden vorerst
ausnahmsweise noch zugelassen. Neue Schnellwaagen dieser
Art dürfen jedoch zur Eichung nicht angenommen werden.

3. Brückenwaagen.

a) Decimal=Brückenwaagen, bei welchen das zum Wägen
dienende Gewicht ein Zehntheil der zu bestimmenden Last
beträgt, also 10fach zu rechnen ist.

Die sogenannte Straßburger Decimalwaage besteht im
Wesentlichen aus dem auf einem Gestelle unterstützten ungleicharmigen Waagbalken, an welchen einerseits die Waagschale und anderseits die Brücke, sowie ein die letztere ander-
weitig unterstützender gabelförmiger Traghebel angehängt sind.

b) Centesimal=Brückenwaagen, bei welchen das zum
Wägen dienende Gewicht ein Hunderttheil der zu bestimmenden Last beträgt, demnach 100fach zu rechnen ist.

Die gewöhnliche Construction enthält ebenfalls einen
ungleicharmigen Waagbalken, ferner einen unter der Brücke
liegenden einarmigen Hebel und zwei die Brücke unter-
stützende gabelförmige Traghebel.

Die Zulässigkeit der Waagen dieser Gattung ist ebensowohl durch die besondere Construction, wie durch die Art
der Ausführung bedingt, und wird durch die nach Vorschrift der §§ 26 und 27 dieser Instruction vorzunehmende
Untersuchung und Probe constatirt.

4. Oberschalige oder Tafelwaagen.

a) Solche, bei welchen beide Schalen sich oberhalb der
den Waagbalken vertretenden Hebel befinden.

b) Solche, bei welchen nur die Lastschale oberhalb der
Hebel angebracht, die Schale für die Gewichte dagegen hän-
gend ist.

Die Zulässigkeit der Waagen dieser Gattung ist eben=
falls durch die Untersuchung und Probe nach Vorschrift zu
constatiren.

Ihrer Construction nach fehlerhaft und verwerflich ist
eine gewisse Art von Tafelwaagen, welche gewöhnlich „Lyoner
Tafelwaage" benannt wird. Dieselbe besitzt zwei Oberschalen,
einen gleicharmigen Waagbalken und zwei in einem Gestelle
eingeschlossene Lenkarme. Diese Waage kann der im § 24
der königl. Verordnung vom 14. Septbr. 1869 gestellten
Bedingung gemäß ihrer Einrichtung nie entsprechen, und
ist demnach von der Eichung auszuschließen.

In allen Fällen, in welchen der Verificator bezüglich
der Zulassung einer Waagenconstruction im Zweifel ist, hat
derselbe die Normal=Eichungscommission um specielle In=
struction anzugehen, und die zur Beurtheilung erforderlichen
Muster oder Zeichnungen in Vorlage zu bringen.

§ 18.

Gemäß der Bestimmung des § 20 der allerh. Ver=
ordnung vom 14. Septbr. 1869 soll jede der Eichung zu
unterstellende Waage mit der Bezeichnung ihrer Tragfähig=
keit versehen sein.

Der Verificator hat den Vollzug dieser Bestimmung
zu überwachen, und ist außerdem verbunden, zu untersuchen,
ob die Waagen die angegebene Tragfähigkeit wirklich be=
sitzen.

Bei Schnellwaagen ist die stärkste Belastung dem
äußersten Punkte der Theilung zu entnehmen. Eine weitere
Bezeichnung erscheint hier erläßlich. Oberschalige Waagen
dürfen die Tragfähigkeitsbezeichnung auch am Gestelle er=
halten. In jedem Falle muß dieselbe deutlich zu er=
sehen sein.

Waagen, welche eine größere Tragfähigkeit als die
declarirte besitzen, sind nicht zu beanstanden.

Zur vollkommeneren Durchführung der in Rede
stehenden Bestimmung erscheint es angemessen, daß die
Verificatoren den Besitzern von Waagen in Betreff der

2*

Tragfähigkeitsbezeichnungen Rath ertheilen, und in zweifel=
haften Fällen etwa provisorische Tragfähigkeitsproben vor=
nehmen, durch welche die anzubringenden Bezeichnungen
erst festgestellt werden.

In der Regel läßt sich die größte beim Gebrauche
vorkommende Belastung einer Waage nach deren Bestimmung
und Größe annäherungsweise bemessen. So z. B. be=
dürfen die kleineren Kramwaagen für den Handgebrauch
nicht leicht einer größeren Tragfähigkeit als von 2 Kilo=
gramm. Für viele derselben genügt 1, und selbst ½
Kilogramm. Bei hängenden gleicharmigen Waagen und
Stativwaagen bietet die Größe der Schalen einen Anhalts=
punkt zur Schätzung der Belastung. Brückenwaagen werden
bereits mit Angabe der Tragfähigkeit von den Verfertigern
geliefert, und lassen sich übrigens nach der Größe der
Brücken einigermaßen beurtheilen.

Die Tragfähigkeit eines Waagbalkens kann ferner auch
durch Berechnung approximativ ermittelt werden, wozu
folgendes Verfahren dient:

Man nehme nachbezeichnete Maße in Millimetern:
1) die Höhe des Balkens in der Nähe der Unterstützungs=
schneiden (neben dem sogenannten Herz), 2) die Dicke des
Balkens an derselben Stelle und 3) die Länge eines Balken=
armes, vom Unterstützungspunkte bis zum Aufhängungs=
punkte der Waagschale. Dann multiplicire man die unter
Nr. 1 gefundene Zahl mit sich selbst, und das Ergebniß
der Rechnung auch noch mit der Zahl Nr. 2. Schließlich
dividire man mit der Zahl Nr. 3.

Die so erhaltene Zahl giebt die Belastung in Kilo=
grammen an, welche der Balken, vorausgesetzt, daß er aus
fehlerfreiem Material (Eisen oder Messing) besteht, mit
Sicherheit tragen kann.

Hat z. B. der Balken einer gleicharmigen Waage
neben dem Herz 20 Millimeter Höhe, daselbst 4 Millimeter
Dicke, und vom Unterstützungspunkt bis zum Aufhängungs=
punkte der Schale 160 Millimeter Länge, so berechnet sich

die Tragfähigkeit zu $\dfrac{20 \times 20 \times 4}{160} = 10$ Kilogramm.

Oder ist der Balken einer Brückenwaage neben dem Herz 50 Millimeter hoch und 10 Millimeter dick, und vom Unterstützungspunkte bis zum Aufhängungspunkte der Waagschale 400 Millimeter lang, so darf die größte Belastung der Schale betragen: $\dfrac{50 \times 50 \times 10}{400} = 62^1/_2$ Kilogramm, und demnach die größte Belastung der Brücke: $10 \times 62^1/_2 = 625$ Kilogramm.

Das Ergebniß der Berechnung ist übrigens in keinem Falle für die wirklich vorhandene Tragfähigkeit einer Waage maßgebend, sondern diese muß stets durch die Probe constatirt werden.

Die Tragfähigkeitsprobe einer Waage hat der Verificator in der Weise anzustellen, daß er dieselbe mit derjenigen Belastung versieht, für welche sie declarirt ist. Eine gleicharmige, sowie eine Tafelwaage ist demnach in beiden Schalen mit Gewichten dieses Betrages zu belasten. Bei einer Schnellwaage ist das verschiebbare Gewicht am äußersten Punkte seines Armes einzustellen, und die Waagschale der Angabe dieses Theilpunktes entsprechend mit Gewichten zu belasten. Bei einer Brückenwaage ist die Brücke mit der vollen Maximalbelastung zu versehen, und auf die Waagschale sind Gewichte zu bringen im Betrage von $^1/_{10}$, beziehungsweise $^1/_{100}$ jener Belastung.

Mit der Tragfähigkeitsprobe einer Waage ist stets die Probe bezüglich deren Richtigkeit und Empfindlichkeit zu verbinden, indem die Tragfähigkeit eben dadurch nachgewiesen wird, daß die Waage bei der größten zulässigen Belastung noch die vorschriftsmäßige Richtigkeit und Empfindlichkeit zeigt.

Waagen, die diejenige Tragfähigkeit nicht besitzen, welche ihre Bezeichnung angiebt, hat der Verificator zurückzuweisen. Ergeben sich solche aber bei geringerer Belastung als tauglich, so ist deren Verification und Stempelung vorzunehmen, sobald deren Bezeichnung entsprechend geändert worden ist.

§ 19.

Bei der ferneren Prüfung der Waagen jeder Gattung hat der Verificator zunächst folgende Regeln von allgemeiner Geltung zu beachten:

Jede Waage soll in allen Theilen rein sein. Anstriche sind nur bei den Waagen, für welche eine geringere Empfind=lichkeit genügt (f. § 21 der allerh. Verordg. vom 14. Septbr. 1869, Nr. 8), statthaft, und dürfen sich niemals auf die sich gegenseitig berührenden Flächen der Scheiden und Pfannen erstrecken.

Alle Theile einer Waage müssen in einem zweckent=sprechenden Zusammenhange stehen, welcher gegen zufällige Veränderungen möglichst sicher gestellt sein soll. Ganz be=sonders ist die unwandelbare Befestigung der Schneiden in den Balken und Hebeln, wie auch der Pfannen in ihren Trägern und Gehängen unerläßliche Bedingung für jede Waage.

Fremdartige Körper dürfen an keinem Theile einer Waage angehängt sein.

An den Waagschalen zur Ausgleichung angebrachtes Metall muß stets fest angelöthet oder angeschraubt sein.

Hölzerne Waagschalen müssen gehörig starke Metall=beschläge haben.

Waagschalen, welche irgend welche Beschädigungen, wie Risse, Splitter, Löcher 2c. zeigen, sind unzulässig.

Die Gehänge der Waagschalen sollen in der Regel aus Ketten bestehen, deren Glieder nicht leicht getrennt werden können. Schnurgehänge sind nur bei den kleinsten gleich=armigen Handwaagen gestattet.

Alle Waagen ohne Ausnahme sollen mit einer gehörig starken, mit dem Waagbalken dauerhaft verbundenen Zunge oder mit einem deren Stelle vertretenden Zeiger versehen sein. Auch muß die Stellung der Zunge oder des Zeigers, welche im Gleichsgewichtszustande der Waage eintreten soll, gehörig kenntlich gemacht sein. Bei Waagbalken, welche in der Scheere hängen, kann diese, sofern sie das Zungenspiel nicht verdeckt, die normale Richtung der Zunge anzeigen.

In allen anderen Fällen ist ein Gegenzeiger oder min=
destens eine deutlich ersichtliche Marke erforderlich. Waagen
mit verbogenen, beschädigten oder nicht gehörig befestigten
Zungen oder Zeigern dürfen zur Verification nicht ange=
nommen werden.

Alle Schneiden und Pfannen der Waagen müssen aus
gehärtetem Stahle bestehen, und an den beiderseitigen Be=
rührungsstellen gehörig geglättet sein. Die erstere Eigen=
schaft läßt sich mit einer feinen Feile erproben.

Die Kante einer Schneide soll nahezu scharf, jedoch
auch nicht messerartig schneidend sein.

Die Kanten aller einem Balken oder Hebel angehöri=
gen Schneiden sollen stets zur Mittelebene senkrecht, demnach
unter sich parallel sein. Auch sollen dieselben wenigstens
nahezu in derselben Ebene liegen. Waagen, deren Balken
oder Hebel Verbiegungen wahrnehmen lassen, sind durchaus
unstatthaft. Wo zwei Schneidenkanten gemeinsam eine
Achse bilden oder zu einer Unterstützung dienen, müssen
beide genau in einer graden Linie liegen.

Zur Prüfung hinsichtlich der letzteren Erfordernisse
genügt ein geübtes Augenmaß, indem die Entscheidung be=
züglich der Tauglichkeit einer Waage wesentlich durch das
Ergebniß der Richtigkeit= und Empfindlichkeitsprobe be=
dingt ist.

Die Unterstützung jedes Waagbalkens sowie der Hebel
bei zusammengesetzten Waagen soll stets waagrecht sein. Ver=
biegungen der Scheeren, welche stets eine unrichtige Lage
der Unterstützungspfannen verursachen, sind nicht zu dulden.

Die Schneiden sollen nur mit ihren scharfen Kanten
die Pfannen berühren, und dürfen anderen Reibungen nicht
ausgesetzt sein. Zur Verhütung seitlicher Reibungen zwi=
schen Schneiden und Pfannen muß stets durch die Con=
struction Vorsorge getroffen sein.

§ 20.

Die gleicharmigen Waagen werden bezüglich des Grades
der von ihnen zu fordernden Genauigkeit nach zwei Classen

unterschieden.   (S. § 21 der allerh. Verordnung vom
14. September 1869.)

Auf oberschalige oder Tafelwaagen findet dieselbe Unter=
scheidung Anwendung. (S. § 24 der genannten königl.
Verordnung.)

Schnellwaagen und Brückenwaagen müssen einen Ge=
nauigkeitsgrad gleich dem der oben bezeichneten Wagen
zweiter Classe besitzen. (S. § 22 und 23 der kgl. Ver=
ordnung.)

Der Verificator hat darüber zu wachen, daß in allen
Fällen, in welchen Waagen von höherer Genauigkeit durch
die allerh. Verordnung vom 14. Septbr. 1869 vorgeschrieben
sind, solche auch verwendet und der Eichung unterstellt
werden.

Für die Richtigkeits= und Empfindlichkeitsprobe der
gewöhnlichen Waagen (Waagen erster Classe) ist ein Zulage=
gewicht von 1 Gramm auf jedes Kilogramm der gemäß
der Tragfähigkeit aufzulegenden Belastung in Anwendung
zu bringen.

Bei den Waagen von höherer Genauigkeit (Waagen
zweiter Classe) beträgt dieses Zulagegewicht $\frac{1}{2}$ Gramm
pro Kilogramm der Maximalbelastung.

Bei jeder Untersuchung einer Waage hat der Verifi=
cator die im § 14 dieser Instruction unter Nr. 1 bis 3
verzeichneten Regeln zu beobachten.

§ 21.

Gleicharmige Waagen mit Scheeren sind zur Aus=
führung der Probe derart aufzuhängen, daß der Balken sammt
den Waagschalen frei schwingen kann. Stativwaagen sind
fest und derart aufzustellen, daß die Mittelschneide des
Balkens horizontale Lage hat, und die Zunge gegen die
Marke oder den Gegenzeiger genau einsteht.

Jede Probe erfordert folgende Operationen:

1) Es ist der bloße, auch der Waagschalen entledigte,
Balken in sanfte Schwingungen zu versetzen.

Hierbei soll die Zunge ein regelrechtes (ruhiges)

Spiel, ohne Zuckungen zeigen, zu beiden Seiten der die Gleichgewichtslage anzeigenden Scheere oder der Marke gleichweit ausschlagen, und schließlich richtig einspielen.

2) Der Balken ist mit den Waagschalen zu versehen, und ohne Belastung derselben schwingen zu lassen.

3) Dieselbe Operation ist mit umgewechselten Waag= schalen zu wiederholen.

In beiden Fällen 2) und 3) soll wie im ersten Falle ein ruhiges Spiel und richtiges Einstellen stattfinden.

4) Beide Waagschalen sind mit richtigen Gewichten im Betrage der Maximalbelastung zu belegen, die Waage ist abermals in sanfte Schwingung zu bringen.

Auch hierbei sollen die oben beschriebenen Erschein= ungen beobachtet werden.

Ergiebt sich, daß die Zunge nicht vollkommen genau einspielt, so muß die Zufügung des im vorigen § erör= terten Zulagegewichtes in die Schale jenseits des Aus= schlages mindestens das Gleichgewicht herstellen. Hiedurch ist die genügende Richtigkeit der Waage constatirt.

Das Zulagegewicht ist in jedem Falle, auch wenn die Waage richtig einspielt, der Belastung einseitig beizu= fügen, und muß dann einen deutlich bemerkbaren Ausschlag der Zunge erzeugen, wodurch die genügende Empfindlich= keit der Waage constatirt ist.

Vermittelst der letzteren Operationen wird zugleich der Nachweis der Tragfähigkeit geliefert, indem eine über= lastete Waage stets unrichtig, oder wenigstens der nöthigen Empfindlichkeit verlustig wird.

Mit den Waagen zweiter Classe ist noch eine weitere Operation vorzunehmen, nämlich:

5) Sind die Belastungen der Waagschalen umzu= wechseln. Das Zulagegewicht soll auch dann noch minde= stens das Gleichgewicht herstellen.

Gleicharmige Waagen, welche bei irgend einer der be= zeichneten Operationen den Anforderungen nicht genügen, sind von der Verification zurückzuweisen.

§ 22.

Die oberschaligen oder Tafelwaagen unterliegen, nachdem sie fest und annäherungsweise horizontal aufgestellt worden, genau derselben Probe wie die gleicharmigen Waagen. Bei den unter Nr. 4 und beziehungsweise Nr. 5 erklärten Operationen ist hier aber ferner erforderlich, daß die Belastungen auf den Waagschalen mehrmals in möglichst verschiedene Lagen gebracht werden, wobei sich die Waagen unveränderlich als im vorschriftsmäßigen Grade richtig und empfindlich zeigen müssen.

§. 23.

Bei den römischen oder Schnellwaagen hat der Verificator, ehe er die Probe vornimmt, bezüglich folgender Punkte Untersuchungen anzustellen:

a) Es ist zu ermitteln, ob die Waagschale oder das dieselbe vertretende Gehäng der Bestimmung des § 22, Nr. 5 der allerhöchsten Verordnung vom 14. September 1869 entspricht, wozu deren Wägung auf einer anderen richtigen Waage erforderlich ist.

b) Ebenso ist zu prüfen, ob das Laufgewicht nebst seiner Hülse den Bestimmungen der Nr. 6, 7, 8 und 11 desselben § der k. Verordnung genügt, wozu auch diese Theile zu wägen sind.

c) Die Abstände der Theilstriche, welche nicht weniger als 3 Millimeter betragen sollen, sind in zweifelhaften Fällen nachzumessen. Die Gleichmäßigkeit der Theilung bedarf dagegen nur der Prüfung durch das Augenmaß. Wo dieselbe zweifelhaft erscheint, ist die nachfolgende Probe auf eine größere Anzahl der Theilstriche auszudehnen.

Zur Ausführung der Probe einer Schnellwaage ist dieselbe so aufzuhängen, daß sie frei zu schwingen vermag.

Die Probe umfaßt folgende Operationen:

1) Der Balken ist einerseits mit der leeren Schale oder dem an deren Stelle dienenden Gehänge zu belasten, anderseits ist das Laufgewicht auf den mit 0 bezeichneten

ersten Theilstrich einzustellen und die Waage in sanfte Schwingungen zu versetzen.

Hierbei soll ein ruhiges Spiel stattfinden, die Zunge einen gleichmäßigen Ausschlag nach beiden Seiten der Scheeren ergeben und sich schließlich richtig einstellen.

2) Das Laufgewicht ist auf den äußersten Theilstrich zu stellen, und die Waagschale mit richtigen Gewichten von dem durch die Bezeichnung angegebenen Betrage zu belasten.

Auch hierbei soll der Balken regelrecht schwingen und die Zunge gehörig einspielen. Findet letzteres nicht vollkommen genau statt, so muß ein Zulagegewicht, im Betrage von $\frac{1}{1000}$ der Belastung, welches entweder der Belastung zugefügt, oder in gleichem Abstande wie diese von der Achsenschneide auf der getheilten Seite des Balkens, vermittelst eines Fadens angehängt wird, mindestens das mangelnde Gleichgewicht herstellen.

Das Zulagegewicht soll in jedem Falle, auch wenn die Waage richtig einspielt, der Belastung zugefügt werden, und muß dann zum Nachweis der genügenden Empfindlichkeit einen deutlich wahrnehmbaren Ausschlag der Zunge bewirken.

3) Ist das Laufgewicht, sofern die Theilung gleichmäßig erscheint, auf mindestens drei, zwischen dem innersten und äußersten beliebig zu wählenden, Theilstrichen einzustellen und durch Belastungen in den zugehörigen Beträgen in's Gleichgewicht zu bringen. Spielt hierbei die Zunge merklich unrichtig ein, so ist vermittelst Zulagegewichten, die $\frac{1}{1000}$ der jeweiligen Belastung zu betragen haben, die Richtigkeitsprobe anzustellen.

Bei Schnellwagen, deren Theilung ungenau scheint, soll diese Probe auf eine größere Anzahl Theilstriche ausgedehnt werden, wozu besonders diejenigen auszuwählen sind, welche Zweifel erregen.

Schnellwagen, welche zwei Theilungen besitzen, müssen für beide den vorstehend beschriebenen Operationen unterworfen werden. Gewöhnlich hat die Theilung für die schwereren Lasten keinen mit Null bezeichneten Strich, wobei dann die sub Nr. 1 erörterte Operation wegfällt.

Schnellwagen, welche sich bei der Untersuchung als fehlerhaft beschaffen ergeben, und solche, welche bei irgend einer der zur Probe gehörigen Operationen den Anforderungen nicht genügen, sind von der Verification zurückzuweisen.

§ 24.

Die Decimal-Brückenwaagen hat der Verificator vor der Probe noch folgenden besonderen Untersuchungen zu unterwerfen:

a) Es ist zu prüfen, ob die Theile des Gestelles mit einander gehörig dauerhaft und unwandelbar verbunden sind. Ganz besonders soll der Ständer, auf dem der Waagbalken ruht, am unteren Rahmen solid befestigt sein.

b) Ferner ist das Augenmerk darauf zu richten, daß die Brücke ebenso wie die Waagschale, sofern sie aus Holz hergestellt sind, gut mit metallenen Bändern beschlagen sein müssen, und daß die Brücke nebst ihrem Rahmen und der Rückwand ein solid verbundenes Ganzes zu bilden hat.

c) Der Verificator hat sich im Weiteren davon zu überzeugen, daß die Brückenwaage, gemäß den Bestimmungen des § 23 der kgl. Verordnung vom 14. September 1869, ad Nr. 4 und 5, mit einem richtig zeigenden Loth und einem, seinen Zweck erfüllenden Regulator versehen ist.

d) Endlich ist bei jeder Brückenwaage auch eine Abstellvorrichtung, durch welche der Arm des Waagbalkens, an dem die Waagschale hängt, gehoben werden kann, so daß das Niedersenken der Brücke auf feste Unterstützungen am Gestell erfolgt, zur Verhütung von Beschädigungen der Waage beim Auflegen der Lasten, durchaus erforderlich. Diese Vorrichtung ist demnach ebenfalls zu controliren.

Zur Probe einer Decimal-Brückenwaage hat, nachdem dieselbe horizontal und fest aufgestellt worden, folgendes Verfahren in Anwendung zu kommen:

1) Der Waagbalken ist ohne Belastung der Waage in sanfte Schwingungen zu versetzen.

Hierbei soll sich ein ruhiges Spiel der bewegten Theile ohne Zucken und irgendwelches Anstreifen zeigen. Der

Zeiger soll zu beiden Seiten des Gegenzeigers einen ziemlich gleichen Ausschlag ergeben und schließlich richtig einstehen.

2) Nach Angabe der Tragfähigkeitsbezeichnung ist die Brücke mit Gewichten zu belasten, desgleichen die Waagschale, letztere im Betrage von $\frac{1}{10}$ der ersteren.

Findet hierbei ein vollkommen genaues Einspielen des Zeigers nicht statt, so muß dieses mindestens durch ein Zulagegewicht zur Belastung der Brücke oder Waagschale, im Betrage von $\frac{1}{1000}$ der bezüglichen Belastungen, bewirkt werden.

Es ist jedoch ferner nothwendig, daß die Belastung der Brücke an verschiedene Stellen derselben, sowohl in die Mitte, als auch möglichst einseitig aufgesetzt werde, wobei sich in keinem Falle ein Fehler ergeben darf, welcher die vorstehend bezeichnete Grenze überschreitet.

Die Empfindlichkeitsprobe ist mit dem Zulagegewicht wie bei anderen Waagen anzustellen.

In Ermangelung einer genügenden Anzahl von Gewichten, ist es gestattet, für die Empfindlichkeitsprobe andere geeignete Lasten im Betrage der Maximalbelastung zu verwenden, welche durch richtige Gewichte auf der Waagschale ins Gleichgewicht zu bringen sind.

Zur Richtigkeitsprobe dürfen aber ausschließlich wirkliche, als richtig erprobte Gewichte angewendet werden.

Sofern die Empfindlichkeitsprobe ganz befriedigende Resultate geliefert hat, darf bei Brückenwaagen von größerer Tragfähigkeit die Richtigkeitsprobe mit einer geringeren Belastung als der größtzulässigen ausgeführt werden. Dieselbe soll jedoch in allen Fällen mindestens ein Fünftheil der Maximalbelastung betragen.

Decimal=Brückenwaagen, deren Beschaffenheit und Einrichtung fehlerhaft oder unvollständig ist, und solche, welche die Probe nicht vorschriftsgemäß bestehen, sind von der Verification auszuschließen.

§ 25.

Die Centesimal=Brückenwaagen sind theils transportabel, theils mauerfest.

Für die Untersuchung und Probe der ersteren haben alle im vorigen § gegebenen Anleitungen ebenfalls Geltung. Nur beträgt selbstverständlich die Belastung der Waagschale $\frac{1}{100}$ von derjenigen der Brücke.

Auch die mauerfesten Centesimalwaagen müssen im Wesentlichen den gleichen Anforderungen wie die transportablen Decimalwaagen genügen; jedoch ist bei denselben das Loth entbehrlich.

Die Empfindlichkeitsprobe ist bei den letztgenannten Waagen stets auch mit der Maximalbelastung vorzunehmen. Sofern dieselbe ein vollkommen befriedigendes Resultat ergiebt, genügt dann für die Richtigkeitsprobe eine Belastung von einem Zehntheil der Maximalbelastung.

§ 26.

Die Waagen aller Gattungen erhalten den Verificationsstempel auf Plomben, welche vermittelst Drahtöhren derartig anzubringen sind, daß sie die Function der Waagen in keiner Weise behindern. Auch soll jede Plombe so angelegt werden, daß ihre Beseitigung nicht geschehen kann, ohne daß entweder sie selbst oder der zur Verbindung dienende Draht zerstört, oder ein Theil der Waage bemerkbar alterirt werde.

Bei gleicharmigen Waagen mit Scheeren und bei Schnellwaagen läßt sich die Anbringung der Plombe meistens geeignet an der Scheere, bei Stativwaagen am Stativ und bei Tafelwaagen am Gestell bewerkstelligen. Bei Brückenwaagen kann die Plombe an dem Ständer, welcher den Waagbalken trägt, angehängt werden.

Wenn sich bei einer Waage ein Theil von passender Form und Beschaffenheit zur Anlegung der Plombe nicht vorfindet, kann der Verificator verlangen, daß ein von ihm zu bezeichnender Theil der Waage mit einem Loche zum Einhängen des Drahtöhres versehen werde.

Zur Herstellung der Plomben hat sich der Verificator einer Gießzange, und zur Prägung derselben einer Plombirpresse zu bedienen, welche Werkzeuge derselbe von der Normal-Eichungscommission zu beziehen hat.

Außerdem bedarf der Verificator zum Gießen der Plomben einen Gießlöffel, dann zum Abtrennen des Drahtes eine Beißzange und zum Zusammendrehen desselben eine Flachzange.

Ausgeglühten Eisendraht von angemessener Stärke und gegossene Plomben soll der Verificator vorräthig halten.

Beim Pressen der Plomben ist sorgfältig darauf zu achten, daß die schraubenförmigen Windungen des Drahtes unlösbar fest vom Blei umschlossen werden.

Die Laufgewichte der Schnellwaagen bedürfen noch der besonderen Stempelung. Diese hat ebenso wie bei anderen Gewichten auf der Oberfläche des Bleipfropfes zu geschehen, welcher die zur Justification dienende Oeffnung verschließt.

G. Ueber die Benützung der Stempel.

§ 27.

Zu allen auszuführenden Stempelungen sind folgende Stempel zu verwenden, welche der Verificator zu Anfang jedes Jahres von der Normal=Eichungscommission empfängt:

1) Zwei Stempel mit achteckiger Fläche von verschiedener Größe. Beide enthalten das Wappen, die Jahreszahl und die Nummer des Verificators.

2) Drei Stempel mit runder Fläche von verschiedener Größe. Die zwei größeren sind ebenfalls mit dem Wappen, der Jahreszahl und der Nummer des Verificators versehen, der kleinste enthält nur Wappen und Jahreszahl.

3) Zwei Stempel von conischer Form, zur Plombir=presse gehörig, der eine das Wappen, der andere die Jahres=zahl und die Nummer des Verificators enthaltend.

Die Stempel mit achteckigen Flächen sollen für die Längenmaße, Flüssigkeitsmaße und die Maße für trockene Gegenstände benützt werden.

Die Stempel mit runden Flächen sind allein für die Gewichte, einschließlich der Laufgewichte von Schnellwaagen, zu verwenden, und zwar der größte in allen Fällen, wo dazu der Raum vorhanden ist, und der kleinste nur für die kleinsten Gewichte.

Im Falle des Bedarfes weiterer Exemplare von Stem=
peln hat der Verificator dieselben nur von der Normal=
Eichungscommission zu beziehen. Zum Aufschlagen der
Stempel braucht der Verificator zwei verschieden schwere
Hämmer von etwa 300 und 600 Gramm Gewicht.

H. Ueber die Unterhaltung der Geräthschaften zur Verification.

§ 28.

Der Verificator ist für den completen Bestand und
für die gehörige Unterhaltung der ihm zur Benützung
überlassenen Inventargegenstände verantwortlich.

Derselbe ist verbunden, auch die auf eigene Kosten
zu beschaffenden Geräthschaften jederzeit vollständig und in
brauchbarem Zustande in Bereitschaft zu halten, und hat
sich der durch die Normal=Eichungscommission zeitweilig
anzuordnenden Controle zu unterziehen.

J. Transitorische Bestimmung über die Vornahme der Verification bis zum Jahre 1872.

§ 29.

Bis zum Ende des Jahres 1871 beschränkt sich die
Verification auf die im öffentlichen Verkehre in Benützung
kommenden metrischen Maße und Gewichte und auf die=
jenigen Waagen, welche dem Verificator freiwillig oder in
Folge bestehender Anordnungen zur Eichung übergeben werden.

Der Verificator hat aber darüber zu wachen, daß die
bis zu dem bezeichneten Zeitpunkte im öffentlichen Verkehre
angewendeten metrischen Maße und Gewichte auch wirklich
der Verification unterstellt werden.

Bei deren Ausführung soll derselbe jetzt schon pünkt=
lichst den Bestimmungen der allerh. Verordnung vom 14.
September 1869, sowie den Anleitungen gegenwärtiger
Instruction nachkommen, und vorschriftswidrige Gegenstände
unnachsichtlich zurückweisen, wobei jedoch anderseits jede
zur Ertheilung von Belehrungen sich darbietende Gelegen=
heit thunlichst zu benützen ist.
